Marion Dawidowski

W0086178

# Nistkästen
# & Futterplätze
## selbst gemacht

christophorus

# Inhalt

# Vogelhäuschen selbst bauen

Naturnahe Gärten mit heimischen Bäumen, Sträuchern und Stauden sind willkommene Lebensräume für viele Vogelarten, denn hier finden sie geschützte Verstecke, Nistmöglichkeiten und ein ausreichendes Futterangebot. Zudem können auch selbst gefertigte Nistkästen aufgehängt oder aufgestellt werden, zum Beispiel ein blauer Nistkasten-turm mit Futterstelle für Meisen und Kleiber, eine mit Blumen und Schmetterlingen verzierte Vollhöhle für Haus- und Feldsperlinge sowie eine mit Naturmaterial geschmückte Halbhöhle für Bachstelzen und Grauschnäpper. Die Nistkästen bieten im Frühjahr den Vögeln zusätz-liche Nistmöglichkeiten und im Winter Schutz vor der Kälte. Die Kästen sehen durch eine schöne Bemalung oder eine originelle Gestaltung auch sehr dekorativ im Garten aus. Im Winter locken außerdem farbig gestaltete Futterplätze die Vögel in den Garten. Mit ausführlichen Schritt-für-Schritt-Anleitungen, Sägeplänen und Bauskizzen sind alle Modelle auch mit kleiner Werkzeugausstattung leicht nachzubauen. Zusätzlich erhalten Sie – nach den Empfehlungen des Naturschutzbundes e. V. – Tipps zum Aufstellen und zur Reinigung der Nistkästen sowie Hinweise zur Fütterung der Vögel.

Viel Freude beim Nachbauen und Beobachten der Vögel wünscht Ihnen

*M. Davidowski*

## Hinweis

Auf unserer Website *http://www.christophorus-verlag.de/de/unsere-buecher/service-download-zu-den-buechern.html* finden Sie die im Buch verkleinert dargestellten Vorlagen sowie die Bauskizze zu Modell 3 in Originalgröße zum Aus-drucken.

Kohlmeise

3

# Material & Technik

## Das Holz

- Für die Nistkästen nur massives, trockenes, möglichst ungehobeltes raues Holz verwenden. Der British Trust of Ornithology (BTO) empfiehlt eine Materialstärke von mindestens 15 mm, der Naturschutzbund Deutschland e.V. (NABU) eine Stärke von 20 mm. Bewährt haben sich Nadelhölzer wie Tanne, Fichte und Kiefer.
- Wichtig: Sperrholz, Leimholz und Spanplatten sind nicht geeignet, da sie nicht ausreichend witterungsbeständig sind und Stoffe enthalten können, die für Vögel schädlich sind.
- Ungehobelte Bretter sind in Holzhandlungen oder Sägewerken in verschiedenen Maßen erhältlich. Baumärkte bieten eher gehobelte Glattkantbretter (18 bis 25 mm Stärke) an. Diese können ebenfalls benutzt werden, auf der Kasteninnenseite müssen die Bretter jedoch angeraut werden.
- Kleine dekorative Holzteile oder Anbauten können aus wasserfest verleimtem Sperrholz ergänzt werden.
- Achtung: Den Maßen der Skizzen liegt eine Materialstärke von 19 mm zugrunde. Falls Sie andere Stärken verwenden, müssen die Maße angepasst werden.

## Die Farben

Für die gezeigten Modelle wurden ausschließlich speichelechte Holzlasuren und Acrylfarben auf Wasserbasis verwendet. Grundsätzlich nur die Außenwände der Nistkästen, Nisthilfen und Futterstellen bemalen. Verwenden Sie keinen Klarlack als Schutz vor Verwitterung, hier können Ausdünstungen die Gesundheit der Vögel beeinträchtigen.

## Hilfsmittel & Werkzeuge

- Zum Übertragen der Vorlagen und Baupläne: Transparentpapier, Kopierpapier, Schere, Bleistift, Lineal, Zollstock oder Maßband, Winkeldreieck und Radiergummi.
- Für das Zusägen und Ausarbeiten der Holzteile: Stichsäge, Tischkreissäge (gerade Schnitte) oder Dekupiersäge; Bohrmaschine, Holzbohrer, Forstnerbohrer oder Lochsäge, Schleifpapier, Hammer, Kneifzange, Schraubendreher und Holzraspel.
- Für die Bemalung: Pinsel in verschiedenen Größen, Malerkrepp.

## Vorlagen übertragen

- Die Maße den Sägeplänen, Bau- und 3D-Skizzen entnehmen und auf das Holz übertragen. Darauf achten, dass zwischen den Teilen, je nach Sägeblatt, etwa 4 mm Platz für den Sägeschnitt bleibt.
- Motivvorlagen mit Transparentpapier abpausen, die Zeichnung auf das Holz legen, Kopierpapier dazwischenlegen und alle Linien mit dem Bleistift nachfahren.
- Um Schablonen für die Bemalung herzustellen, die Vorlage auf Transparentpapier abpausen, auf Tonkarton kleben und das Motiv herausschneiden.

# Sägen und schleifen

Die geraden Kanten der Einzelteile mit einer Tischkreissäge oder Stichsäge zuschneiden. Bogen und Tore mit der Stich- oder Dekupiersäge arbeiten. Für Innenausschnitte die Form zunächst vorzeichnen. Mit einem Holzbohrer ein Loch bohren, das Sägeblatt aus seiner Halterung lösen, durch die Bohrung fädeln und wieder einspannen. Nun den Innenausschnitt mit der Dekupiersäge heraussägen. Anschließend alle Kanten mit Schleifpapier leicht glätten.

# Einfluglöcher bohren

Hier eignet sich besonders ein Forstnerbohrer oder eine Lochsäge. Beides ist in verschiedenen Durchmessern erhältlich. Möglichst einen Bohrständer verwenden und das Holz mit einer Schraubzwinge sichern. Ebenfalls geeignet ist eine Dekupiersäge.

# Modelle zusammenbauen

- Am einfachsten gelingt der Zusammenbau mit verzinkten Nägeln. Der Nagel sollte so lang sein, dass er durch das oben liegende Holz hindurch und mit mindestens der Hälfte seiner Länge in das untere Holz reicht. Damit dickere Nägel das Holz nicht sprengen, mit einem Bohrer, 2 mm Ø, etwa zwei Drittel der Länge vorbohren. Die Verbindung hält besser, wenn die Nägel leicht schräg eingeschlagen werden (Abb. 1).
- Eine festere Verbindung wird mit verzinkten Schrauben erreicht. Auch die Schraube soll mit mindestens der Hälfte ihrer Länge bis in das untere Holz reichen. Das vorgebohrte Führungsloch muss im Durchmesser etwa zwei Drittel der Schraubenstärke entsprechen. Sollen die Schraubenköpfe später nicht zu sehen sein, die erste Bohrung zusätzlich mit einem Bohrer im Durchmesser des Schraubenkopfes etwa 8 mm tief nachbohren (ein Stück Kreppklebeband nach 8 mm um den Bohrer wicklen; dies hilft, die Bohrlochtiefe zu bestimmen). Die Schraube ganz eindrehen und das Loch mit einem Stück Rundholz verschließen (Abb. 2).

# Modelle bemalen

- Einige Motive mithilfe der Schablonentechnik aufmalen (Abb. 3). Die Schablone auf den Nistkasten legen. Mit dem Pinsel etwas Farbe aufnehmen, auf einem Papierrest abtupfen, bis er fast trocken ist, dann das Motiv der Schablone austupfen. Dabei darauf achten, dass keine Farbe unter den Schablonenrand gedrückt wird.
- Streifen und Karos lassen sich einfacher malen, wenn sie mit Kreppklebeband abgeklebt werden (Abb. 4).

Abb. 1   Abb. 2   Abb. 3   Abb. 4

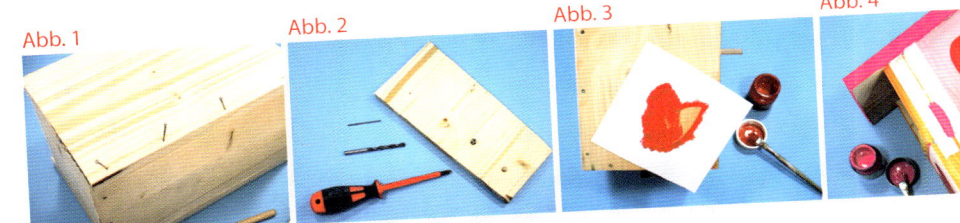

# Nistkastenmodelle 1 und 2
## Vollhöhle und Halbhöhle

### Hinweis
Modell 1 (Vollhöhle) unterscheidet sich von
Modell 2 (Halbhöhle) nur durch die Vorderseite.

1 Alle Teile laut Sägeplan zuschneiden. In das
Bodenbrett vier bis fünf Löcher mit 5 mm Ø
bohren. In das Vorderteil das Einflugloch bohren (je Vogelart unterschiedliche Größen; siehe
Seite 12). Je nach Anleitung eine Bohrung für
die Sitzstange mit 6 mm Ø etwa 3 cm unter
dem Einflugloch arbeiten. Entsprechend der
Skizzen für Nägel und Schrauben vorbohren.

zu 2

2 Die Rückwand am Boden befestigen, dann
die Seitenteile bündig mit der Rückwand
anbringen. Bei Modell 1 das Vorderteil oben
mit nur zwei gegenüberliegenden Nägeln
zwischen den Seitenteilen befestigen, damit
es geöffnet werden kann. Bei Modell 2 kann
das Vorderteil fest eingesetzt werden.

zu 2

3 Das Dach bündig mit der Rückwand
anbringen. Den Schraubhaken im unteren
Drittel in die Kante des Seitenteils schrauben,
damit er das Vorderteil verschlossen hält.

zu 2

4 Den Nistkasten laut Anleitung und Foto
bemalen. Je nach Anleitung ein Rundholz als
Sitzstange in die entsprechende Bohrung
stecken. Den Nistkasten aufhängen oder
aufstellen (Anleitung Seite 11).

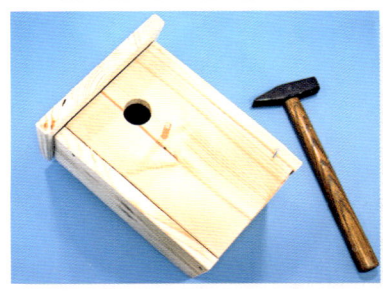

zu 3

## 3D-Skizze

## Hinweise

- Bei veränderter Materialstärke muss das Seitenteil
  (18 cm) angepasst werden.
- Die genauen Materialan-
  gaben finden Sie bei den
  jeweiligen Modellen.

## Sägeplan

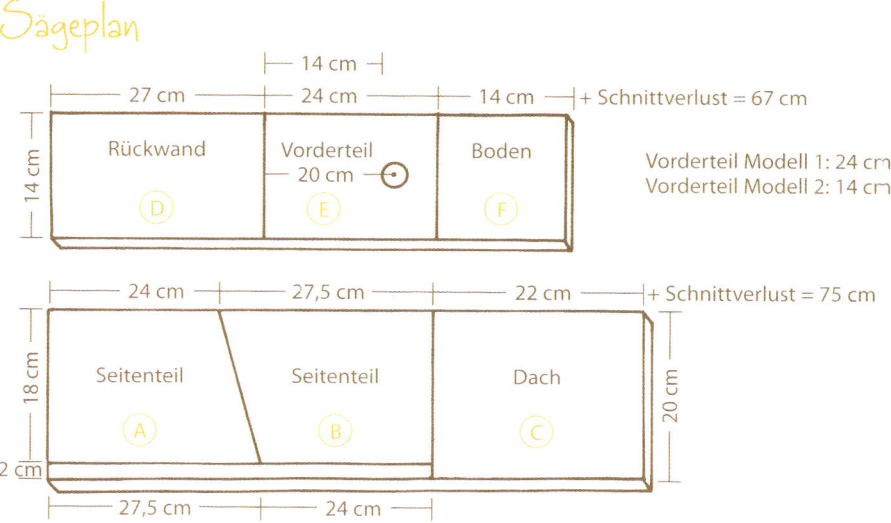

├── 14 cm ──┤

├── 27 cm ──┤── 24 cm ──┤── 14 cm ──┤+ Schnittverlust = 67 cm

| 14 cm | Rückwand | Vorderteil | Boden |
|---|---|---|---|
| | D | — 20 cm —⊙ | F |
| | | E | |

Vorderteil Modell 1: 24 cm
Vorderteil Modell 2: 14 cm

├── 24 cm ──┤── 27,5 cm ──┤── 22 cm ──┤+ Schnittverlust = 75 cm

| 18 cm | Seitenteil | Seitenteil | Dach | 20 cm |
| | A | B | C | |

2 cm

├── 27,5 cm ──┤── 24 cm ──┤

7

# Nistkastenmodell 3
## Nistkastenturm mit Futterplatz

1 Alle Teile laut Sägeplan und Vorlage 11 (Seite 58) zusägen und vorbohren (siehe Seite 6, Schritt 1).

2 Die Seitenteile und die Böden entsprechend der Skizzen auf den Seiten 9 und 10 miteinander verschrauben.

zu 2

3 Das rückwärtige Teil A anbringen und ein Klavierband an der Unterkante anschrauben. In das Teil B an der langen unteren Kante mittig einen 2 cm langen Einschnitt arbeiten und die kurze, gerade Kante am Klavierband befestigen. Einen Schraubhaken mittig in die Kante des Bodens eindrehen, er wird zum Öffnen senkrecht in den Sägespalt von Teil B gedreht. Das Vorderteil anschrauben.

zu 3

4 Die Dachteile zusammensetzen und eine Ringschraube mittig auf der Dachinnenseite einschrauben. Das Dach mit gleichmäßigem Dachüberstand anbringen.

5 Den Nistkasten bemalen und aufhängen (Anleitungen Seiten 5 und 11).

zu 3

zu 4

8

# 3D-Skizze

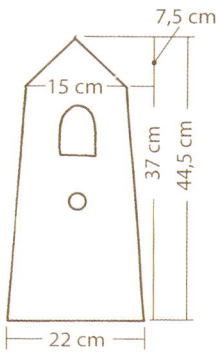

7,5 cm

15 cm

37 cm

44,5 cm

22 cm

## Hinweise

- Bei veränderter Materialstärke muss das Breiten-
  maß der zwei Böden
  angepasst werden.
- Die genauen Materialan-
  gaben finden Sie bei den
  jeweiligen Modellen.

# Sägeplan

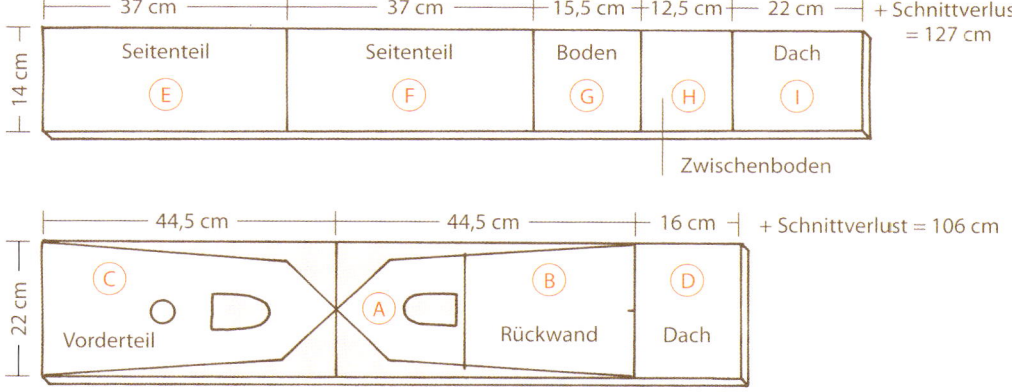

| | 37 cm | | 37 cm | | 15,5 cm | 12,5 cm | 22 cm | + Schnittverlust = 127 cm |
|---|---|---|---|---|---|---|---|---|
| 14 cm | Seitenteil E | | Seitenteil F | | Boden G | H | Dach I | |

Zwischenboden

| | 44,5 cm | | 44,5 cm | | 16 cm | + Schnittverlust = 106 cm |
|---|---|---|---|---|---|---|
| 22 cm | C Vorderteil | A | B Rückwand | | D Dach | |

9

# Nistkastenmodell 3
## Bauskizze

## Hinweis

Auf unserer Website *http://www.christophorus-verlag.de/de/unsere-buecher/service-download-zu-den-buechern.html* finden Sie die Bauskizze auch in Originalgröße zum Ausdrucken.

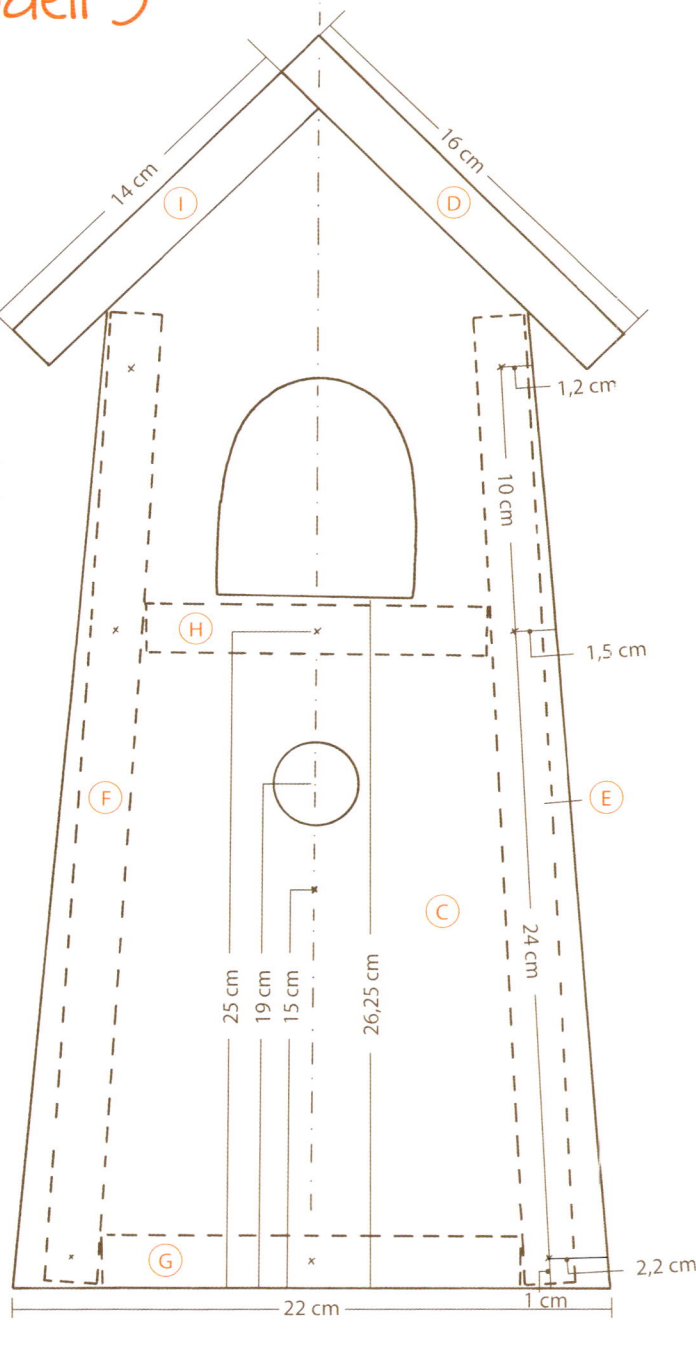

# Nistkästen befestigen

## Holzleistenaufhängung (Abb. 1)

Die Holzleiste (möglichst Hartholz) an beiden
Enden durchbohren und mittig auf die Rückseite des Nistkastens schrauben. Mit Aluminium-
nägeln den Nistkasten am Baum befestigen
oder mit einer Schnur anbinden. Geeignet für
die Modelle 1 und 2.
Material: Holzleiste, 2,4 x 4,8 cm, 50 cm;
2 Schrauben, 3,5 x 40 mm; Schnur oder 2 Alunägel

Abb. 1

## Drahtaufhängung (Abb. 2)

In das Dach des Nistkastens auf jeder Seite
mittig je eine Ringschraube eindrehen. Aus
Bindedraht einen Bügel formen, ein Stück
Gartenschlauch aufziehen und die Drahtenden
an den Ringschrauben befestigen. Geeignet
für alle Modelle.
Material: 2 Ringschrauben, 2 x 12 mm; Bindedraht, 1,2 mm Ø, 60 cm; Gartenschlauch, 15 cm

Abb. 2

## Vierkantholz aufstellen (Abb. 3)

Das Vierkantholz mit Metallwinkeln am Boden
des Nistkastens anschrauben. Das andere Ende
im Boden verankern (z. B. eingraben). Geeignet
für alle Modelle.
Material: Vierkantholz, 4,5 x 7 cm, 200–250 cm;
2 Metallwinkel, 3 x 3 cm; 8 Schrauben, 3,5 mal
25 mm

Abb. 3

## Hinweis

Tipps zu Standorten für Nistkästen finden Sie
auf Seite 24.

# Tipps & Hinweise

## Nistkastenbau

- 20 mm dicke, ungehobelte Fichten- oder Tannenbretter sind ideal – die Materialstärke verhindert große Temperaturschwankungen im Innenraum; an dem rauen Holz können die Jungvögel besser zum Flugloch klettern. Die Bodenfläche sollte nicht weniger als 14 x 14 cm betragen.
- In den Boden 4 bis 5 Löcher mit 5 mm Ø bohren, damit die Feuchtigkeit ablaufen kann.
- Das Einflugloch sollte sich etwa 17 cm über dem Boden befinden, um den natürlichen Feinden das Erreichen der Jungvögel zu erschweren.
- Bei rauem Holz ist eine Sitzstange nicht unbedingt erforderlich; ein kurzes, dünnes Rundholz erleichtert den Jungvögeln den Ausstieg (alles andere hilft auch den natürlichen Feinden).
- Schrauben oder Nägel dürfen nicht in den Innenraum ragen.
- Auf Holzschutzmittel oder Klarlack (schädliche Ausdünstungen) verzichten.

## Das Einflugloch

Die Größe des Einfluglochs entscheidet darüber, welche Vogelart in den Nistkasten einzieht.

**Vollhöhlen für Höhlenbrüter:**
- 28 mm Ø: Kleinmeisen (Blau-, Tannen-, Weiden- und Haubenmeisen)
- 32 mm Ø: Kohlmeise, Kleiber, Haus- oder Feldsperling
- 32 x 48 mm (oval): Gartenrotschwanz (braucht mehr Licht)
- 45 mm Ø: Star

**Halbhöhlen für Nischenbrüter:**
- Hausrotschwanz, Bachstelze, Grauschnäpper

## Tipp

Damit größere Vögel oder Nesträuber das Einflugloch nicht vergrößern können, ein Aluminiumblech, 0,3 mm stark, vor das Einflugloch setzen. Das Blech ist im Fachhandel für Modellbau erhältlich.

Blaumeise

# Naturnahe Gärten

Die in diesem Buch gezeigten Grundmodelle sind für Nischen- und Höhlenbrüter geeignet. Die Vögel nehmen die Nistkästen jedoch nur an, wenn das Umfeld naturnah gestaltet und Futter vorhanden ist:

- Pflanzen Sie heimische Bäume und Sträucher, z. B. Haselnuss, Holunder, Schlehe, Hainbuche.
- Heimische Stauden oder eine wilde Blumenwiese bieten Vögeln viel Nahrung, z. B. Insekten und Körner. Lassen Sie die Samenstände z. B. von Königskerze, Fetthenne und Fingerhut bis zum Frühjahr stehen.
- Geschützte Verstecke für Vögel bieten vor allem heimische, dornige Sträucher.
- Bitte keine chemischen Pflanzenschutzmittel verwenden.
- Einen kleinen Teich anlegen oder eine Vogeltränke aufstellen (das Wasser regelmäßig wechseln).
- Eine kleine sandige Ecke oder eine Schale mit Sand in der Sonne aufstellen: Die Vögel nehmen gern ein Sandbad zur Gefiederpflege.
- Ein Todholzhaufen aus abgestorbenen und abgeschnittenen Ästen kann gleich mehrere Aufgaben erfüllen. Hier nisten Bodenbrüter. Außerdem finden sich hier viele Kleintiere als Nahrung. Zusätzlich bietet er auch einem Igel einen Unterschlupf.

# Hinweis

Weitere Infotexte finden Sie auf folgenden Seiten:
- Seite 18: Nistkastenreinigung
- Seite 20: Hilflose Jungvögel
- Seite 24 : Standorte für Nistkästen
- Seite 34: Terrassenfenster sichern
- Seite 42: Der Vogel-Speiseplan
- Seite 46: Die Winterfütterung
- Seite 50: Nisthilfen für Insekten

# Astscheiben & Birkenrinde

## Material
### (Modell 1)

- Brett, 19 mm, 14 x 67 cm
- Brett, 19 mm, 20 x 75 cm
- 24 Nägel, verzinkt, 2 x 40 mm
- Rundholz, 6 mm Ø, 5 cm
- Schraubhaken, 2,8 x 30 mm
- Astscheiben, schräg geschnitten, ca. 3 cm breit
- Birkenrinde
- Birkenzweige
- Acrylfarbe in Braun
- Holzleim
- Zusätzliches Material für die Befestigung siehe Seite 11

Vorlagen 1, 2, Seite 56

1 Den Nistkasten nach der Grundanleitung (Seiten 4 bis 7) zusägen und zusammenbauen. Eine Bohrung für die Sitzstange mit 6 mm Ø ausführen.

2 Den Nistkasten mit stark verdünnter brauner Farbe lasieren. Die Astscheiben laut Foto auf das Dach leimen.

3 Die Blüten und die Vögel (Vorlagen 1, 2) auf die Rinde übertragen und je nach Materialstärke mit einer Schere oder Dekupiersäge ausschneiden. Die Blüten und Vögel an dem Nistkasten befestigen. Einige Zweige als Blütenstiele aufkleben.

4 Die Sitzstange (Rundholz) in die Bohrung stecken. Die Befestigung für den Nistkasten anbringen.

Star

# Grafisches Design

## Material
(Modell 2)

- Brett, 19 mm, 14 x 57 cm
- Brett, 19 mm, 20 x 75 cm
- 24 Nägel, verzinkt, 2 x 40 mm
- Acrylfarben in Maigrün, Hell-
  grün, Flieder, Lila, Türkis
- Zusätzliches Material für die
  Befestigung siehe Seite 11

Vorlagen 3, 4, Seite 57

1 Den Nistkasten nach der Grundanleitung (Seiten 4 bis 7) zusägen und zusammenbauen. Das Dach türkisfarben, die Seiten in zwei Grüntönen grundieren. Die Kreise mit einem Durchmesser von 9 cm aufmalen.

2 Die Spiralen (Vorlage 3) und die Pfeilspitzen (Vorlage 4) auf den Nistkasten übertragen und ausmalen. Mit Krepp-klebeband die Streifen an Dach und Seiten abkleben und malen (Anleitung Seite 5). Die Befestigung für den Nistkasten anbringen.

Hausrotschwanz

# Blüten & Schmetterling

## Material

(Modell 1)

- Brett, 19 mm, 14 x 67 cm
- Brett, 19 mm, 20 x 75 cm
- Rundholz, 6 mm Ø, 5 cm
- 24 Nägel, verzinkt, 2 x 40 mm
- Schraubhaken, 2,8 x 30 mm
- Acrylfarben in Gelb, Orange, Rot, Hellgrün, Grün
- Zusätzliches Material für die Befestigung siehe Seite 11

Vorlagen 5–7, Seite 56

1 Den Nistkasten nach der Grundanleitung (Seiten 4 bis 7) zusägen und zusammenbauen. Eine Bohrung für die Sitzstange mit 6 mm Ø ausführen.

2 Die Blüten und den Schmetterling (Vorlagen 5–7) auf das Holz übertragen. Die Seitenwände hellgrün, das Dach dunkelgrün lasieren.

3 Die Blüten und Schmetterlinge in Gelb, Orange, Rot und Pink ausmalen. Farblich passende Mittelpunkte in die Blüten malen.

4 Die Sitzstange (Rundholz) in die Bohrung stecken. Die Befestigung für den Nistkasten anbringen.

## Nistkastenreinigung

- Nach jeder Brutsaison den Nistkasten im Herbst reinigen. Die Vögel benutzen alte Nester nicht wieder, sondern setzen ein neues darauf (dann ist der Kasten bald voll). Außerdem können verbleibende Parasiten die folgende Brut schädigen.
- Nehmen Sie den Kasten ab oder stellen Sie die Leiter so, dass Sie seitlich, oberhalb des Kastens stehen (Nestreste fallen dann nicht auf Sie herab).
- Das alte Nest herausnehmen und eventuell anhaftende Reste mit einer Bürste entfernen (keine Reinigungsmittel verwenden).
- Die Lüftungslöcher im Boden mit einem Holzstäbchen frei machen.
- Den Kasten auf „Bauschäden" überprüfen, besonders die Halterung für die Befestigung am Baum kontrollieren; wenn nötig, ausbessern.

# Äste & Zweige

## Material
(Modell 2)

- Brett, 19 mm, 14 x 57 cm
- Brett, 19 mm, 20 x 75 cm
- Birkenzweige, 1–4 cm Ø
- 24 Nägel, verzinkt, 2 x 40 mm
  (für den Nistkasten)
- Nägel, verzinkt, 2 x 40 mm,
  1,2 x 20 mm (für die Zweige)
- Futterkugel
- Zusätzliches Material für die
  Befestigung siehe Seite 11

1 Den Nistkasten nach der Grundanleitung (Seiten 4 bis 7) zusägen und zusammenbauen. Anschließend vier dickere Äste mithilfe von Stecheisen und Hammer spalten, auf Dachlänge zusägen und mit Nägeln befestigen.

2 Einige Äste auf unterschiedliche Längen sägen und an den Seitenwänden fixieren, dabei einen Ast mit Gabelung für die Futterkugel anbringen.

3 Für die Vorderseite dünne Zweige zuschneiden und als diagonales Muster mit kleinen Nägeln fixieren. Die Befestigung für den Nistkasten anbringen.

## Hilflose Jungvögel

- Wer scheinbar hilflose Jungvögel außerhalb des Nestes findet, sollte diese zunächst einige Zeit beobachten. Manchmal werden sie von ihren Eltern am Boden weiter gefüttert.
- Erst wenn der Jungvogel zweifelsfrei nicht mehr versorgt wird oder verletzt ist, sollten Sie eingreifen, denn auch bei fachgerechter Versorgung sind die Überlebenschancen geringer als in der Natur.
- Wenden Sie sich an eine NABU-Gruppe, eine Vogelpflegestation, die Untere Naturschutzbehörde oder an einen Tierarzt.

Grauschnäpper

# Sauna-Hütte

## Material
### (Modell 1)

- Brett, 19 mm, 14 x 82 cm
- Brett, 19 mm, 20 x 75 cm
- wasserfest verleimtes Sperrholz, 9 mm, 19 x 20 cm
- Rundholz, 8 mm Ø, 40 cm
- Baumrinde
- 30 Nägel, verzinkt, 2 x 40 mm
- 18 Stiftnägel, 0,9 x 13 mm
- Schraubhaken, 2,8 x 30 mm
- Holzlasur in Braun
- Acrylfarben in Weiß, Hellblau, Grün
- Filzstift in Schwarz
- Tontopfuntersetzer, 13 cm Ø
- Zusätzliches Material für die Befestigung siehe Seite 11

Vorlage 8, Seite 57

1 Die Einzelteile für den Nistkasten nach der Grundanleitung (Seiten 4 bis 7) zusägen; ebenso den Boden für den Anbau (13 x 15 cm). Das Schild (Vorlage 8) und die übrigen Einzelteile für den Anbau (siehe Skizze) aus dem Sperrholz sägen.

2 Den Anbau laut Skizze mit den Stiftnägeln zusammensetzen. Nach Schritt 2 der Grundanleitung (Seite 6) den Boden des Anbaus von der Nistkasteninnenseite und die Dreiecke von außen mit Nägeln befestigen (siehe Arbeitsfoto).

3 Das Rundholz in ein 9-cm-Stück und zwei 15-cm-Stücke sägen und als Türrahmen auf der Vorderseite fixieren. Die Seitenwände braun, Dach und Türrahmen grün lasieren. Ein kleines Fenster aufmalen. Das Schild weiß grundieren und mit dem Filzstift beschriften.

4 Rindenstücke an den Seitenwänden annageln, das Schild an der Dachkante befestigen. Die Befestigung für den Nistkasten anbringen. Den Tontopfuntersetzer mit Wasser füllen und auf den Anbau stellen.

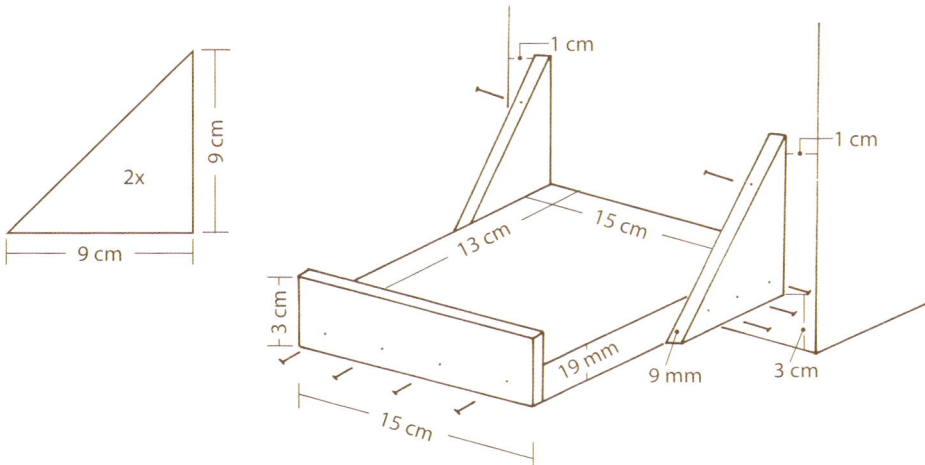

# Rote Herzen

## Material
(Modell 2)

- Brett, 19 mm, 14 x 57 cm
- Brett, 19 mm, 20 x 75 cm
- 24 Nägel, verzinkt, 2 x 40 mm
- Holzlasur in Orange
- Acrylfarben in Weiß, Pink, Rot
- Zusätzliches Material für die Befestigung siehe Seite 11

Vorlage 9, Seite 57

1 Den Nistkasten nach der Grundanleitung (Seiten 4 bis 7) zusägen und zusammenbauen.

2 Das Dach und die Flächen für das Herz rosafarben, die übrigen Flächen orangefarben grundieren.

3 Die Herzen nach Vorlage 9 übertragen, rot ausmalen und trocknen lassen.

4 Auf dem Dach Streifen mit Kreppklebeband abkleben und pinkfarben bemalen. Weiße Punkte als Akzente ergänzen. Die Befestigung für den Nistkasten anbringen.

## Standorte für Nistkästen

- Die ausgesuchte Stelle sollte etwas abgelegen und ruhig sein, möglichst nicht direkt an der Terrasse.
- Eine Höhe von 1,70 bis 2 m ist ausreichend, so kann der Nistkasten mit einer einfachen Leiter zum Reinigen erreicht werden.
- Das Einflugloch sollte nach Osten zeigen (nicht zur Wetterseite – Westen) und frei angeflogen werden können.
- Ein halbschattiger Platz verhindert große Temperaturschwankungen.
- Nistkästen mit gleich großer Einflugöffnung im Abstand von etwa 10 m aufhängen (Ausnahme: Sperlinge, die auch in Kolonien brüten); unterschiedliche Modelle können etwas näher zusammenhängen.
- Halbhöhlen können auch an der Hausfassade, möglichst unter einem Dachüberstand, angebracht werden.
- Die Nistkästen am besten schon im Herbst aufhängen. Einige Vögel überwintern darin gern.

# Astscheiben & Streifen

## Material

(Modell 1)

- Brett, 19 mm, 14 x 67 cm
- Brett, 19 mm, 20 x 75 cm
- Rundholz, 6 mm Ø, 5 cm
- Astscheiben, ca. 0,5 mm, 1,5–4,5 cm Ø
- 24 Nägel, verzinkt, 2 x 40 mm
- Schraubhaken, 2,8 x 30 mm
- Acrylfarben in Hellgrün, Hellblau, Blau, Braun
- Holzleim
- Zusätzliches Material für die Befestigung siehe Seite 11

1 Den Nistkasten nach der Grundanleitung (Seiten 4 bis 7) zusägen und zusammenbauen. Eine Bohrung für die Sitzstange mit 6 mm Ø ausführen.

2 Den Nistkasten an den Seitenwänden mit stark verdünnter brauner Farbe lasieren. Nachdem die Farbe getrocknet ist, die Astscheiben mit Leim befestigen.

3 Auf das Dach ein Streifenmuster malen, hierfür mit Kreppklebeband nach und nach einzelne Streifen abkleben. Zudem einige Astscheiben bemalen.

4 Die Sitzstange (Rundholz) in die Bohrung stecken. Die Befestigung für den Nistkasten anbringen.

Gartenrotschwanz

# Strandhaus

## Material
(Modell 2)

- Brett, 19 mm, 14 x 57 cm
- Brett, 19 mm, 20 x 75 cm
- wasserfest verleimtes Sperrholz,
  10 mm, 9 x 19 cm
- 26 Nägel, verzinkt, 2 x 40 mm
- verschiedene Muscheln
- Baumwollkordel in Natur,
  6 mm Ø, ca. 2 m
- Acrylfarben in Weiß, Blau
- Lackstift in Blau
- Heißkleber
- Zusätzliches Material für die
  Befestigung siehe Seite 11

Vorlage 10, Seite 58

1 Den Nistkasten nach der Grundanleitung (Seiten 4 bis 7) zusägen und zusammenbauen. Das Schild nach Vorlage10 aus dem Sperrholz sägen.

2 Die Seitenwände des Nistkastens und das Schild weiß lasieren, das Dach blau bemalen. Den Schriftzug „Strand-haus" mit einem blauen Lackstift auf das Schild zeichnen.

3 Die Position für das Schild auf dem Dach markieren; an der Linie zwei Nägel zur Hälfte in das Dach einschla-gen, die Nagelköpfe abkneifen, etwas Leim auftragen und das Schild mit der Kante auf die Nägel drücken.

4 Die Muscheln und die Baumwollkordel mit Heißkleber fixieren. Die Befestigung für den Nistkasten anbringen.

Bachstelze

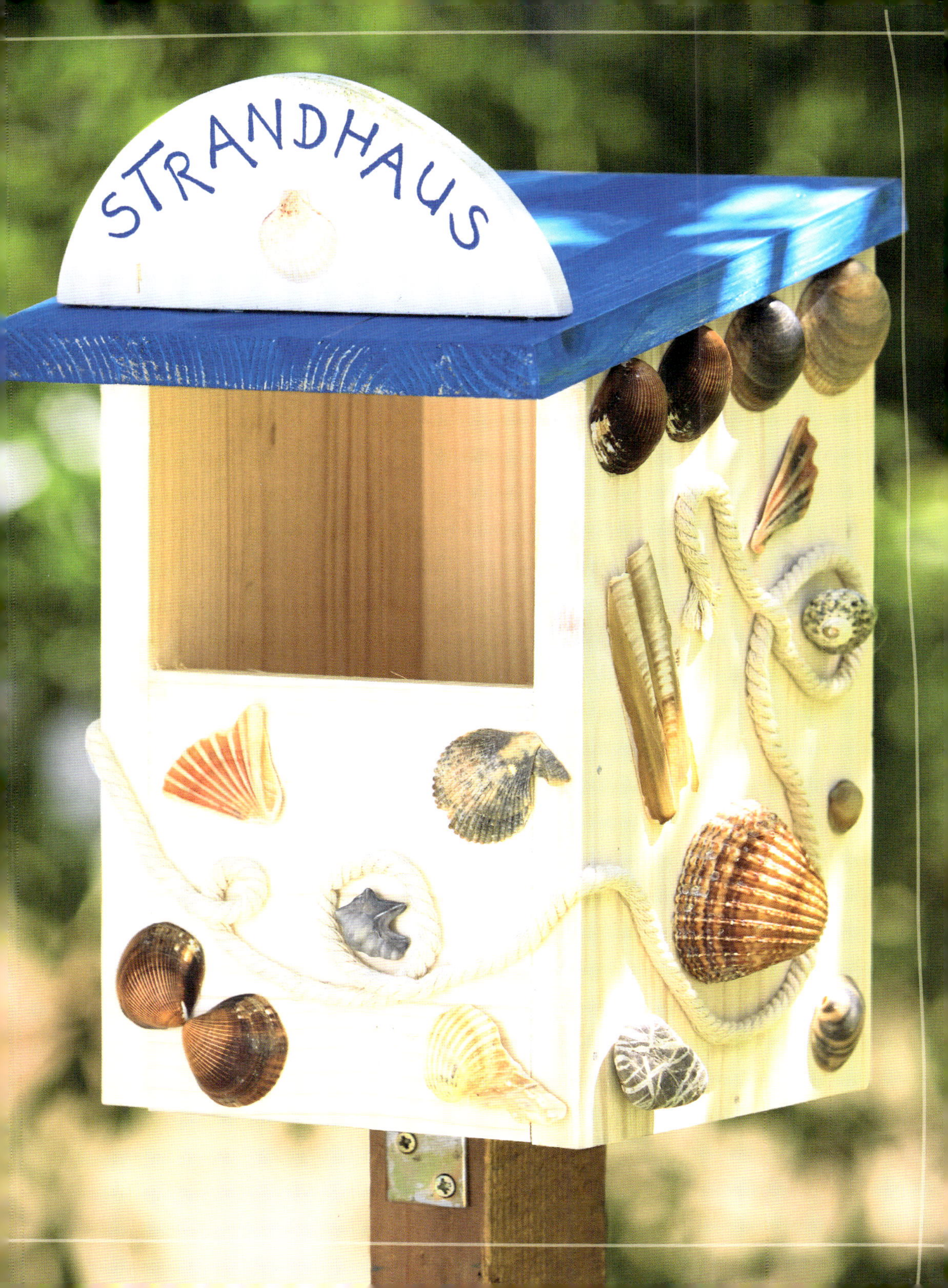
STRANDHAUS

# Filigrane Ranken

## Material
### (Modell 3)

- Brett, 19 mm, 14 x 127 cm
- Brett, 19 mm, 22 x 106 cm
- Rundholz, 6 mm Ø, 5 cm
- 35 Nägel, verzinkt, 2 x 40 mm
- 6 Schrauben, 2 x 17 mm
- Schraubhaken, 2,8 x 30 mm
- Ringschraube, 2 x 12 mm
- Klavierband, 17 cm
- Dachpappe, 14 x 24 cm
- Dachpappenstifte, 2 x 20 mm
- Acrylfarben in Weiß, Orange, Pink
- Futterkugel
- Zusätzliches Material für die Befestigung siehe Seite 11

Vorlagen 11–15, Seite 58

1 Den Nistkasten nach der Grundanleitung (Seiten 4 bis 5 und 8 bis 10) zusägen und zusammenbauen. Eine Bohrung für die Sitzstange mit 6 mm Ø ausführen.

2 Das Dach orangefarben und die Seitenwände weiß grundieren. Die Karokante an Seitenwänden und Dach aufmalen, die jeweils 1,5 x 2 cm großen Karos am besten mit Kreppklebeband abkleben (siehe Seite 5).

3 Die Blüten (Vorlagen 12 und 13) auf den Nistkasten übertragen und pinkfarben ausmalen, mit Linien und Blättern (Vorlagen 14 und 15) zur Ranke vervollständigen.

4 Nach dem Trocknen der Farben die Dachpappe mit Dachpappenstiften über dem First anbringen. Die überstehenden Ränder herunterbiegen und fixieren.

5 Das kleine Rundholzstück als Sitzstange in die Bohrung stecken. Die Befestigung für den Nistkasten anbringen. Die Futterkugel im Turm einhängen.

Feldsperling

# Blauer Turm

## Material
(Modell 3)

- Brett, 19 mm, 14 x 127 cm
- Brett, 19 mm, 22 x 106 cm
- 35 Schrauben, 3,5 x 40 mm
- 6 Schrauben, 2 x 17 mm
- Schraubhaken, 2,8 x 30 mm
- Ringschraube, 2 x 12 mm
- Klavierband, 17 cm
- Dachpappe, 14 x 24 cm
- Dachpappenstifte, 2 x 20 mm
- Acrylfarben in Weiß, Gelb, Rot, Hellgrün, Hellblau, Blau
- Futterkugel
- Zusätzliches Material für die Befestigung siehe Seite 11

Vorlagen 11, 16–18, Seiten 58–59

1 Den Nistkasten nach der Grundanleitung (Seiten 4 bis 5 und 8 bis 10) zusägen und zusammenbauen. Eine Bohrung für die Sitzstange mit 6 mm Ø ausführen.

2 Die Fenster (Vorlagen 16, 17) aufmalen. Das Dach dunkelblau, die Seitenwände hellblau grundieren. Die Tür (Vorlage 11) und die Blütenranke (Vorlage 18) auf den Nistkasten übertragen und aufmalen.

3 Nach dem Trocknen der Farben ein Stück Dachpappe, 14 x 24 cm, mit Dachpappenstiften über dem First anbringen. Die überstehenden Ränder herunterbiegen und fixieren (siehe Arbeitsfoto).

4 Die Sitzstange (Rundholz) in die Bohrung stecken. Die Befestigung für den Nistkasten anbringen. Die Futterkugel im Turm einhängen.

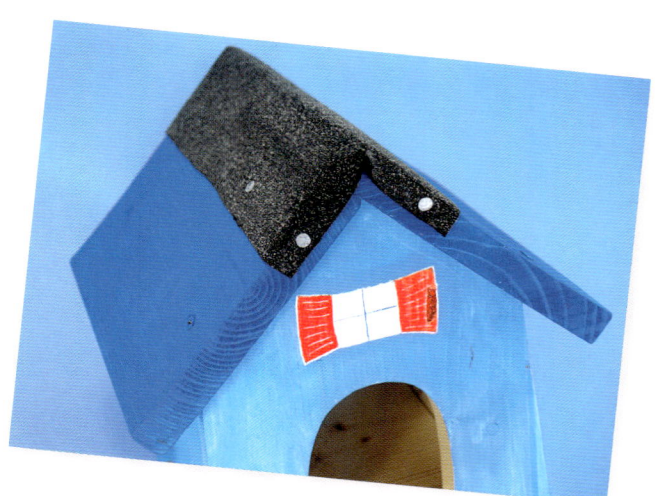

# Rauten & Punkte

## Material

(Modell 3)

- Brett, 19 mm, 14 x 127 cm
- Brett, 19 mm, 22 x 106 cm
- Rundholz, 6 mm Ø, 5 cm
- 35 Schrauben, 3,5 x 40 mm
- 6 Schrauben, 2 x 17 mm
- Schraubhaken, 2,8 x 30 mm
- Ringschraube, 2 x 12 mm
- 4 Stiftnägel, 0,9 x 13 mm
- Klavierband, 17 cm
- Alublech, 0,3 mm, 7 x 7 cm
- Dachpappe, 14 x 24 cm
- Dachpappenstifte, 2 x 20 mm
- Acrylfarben in Hellgrün, Grün, Pink, Blau
- Futterkugel
- Zusätzliches Material für die Befestigung siehe Seite 11

Vorlagen 11, 19, 20, Seiten 58, 60

1 Nach der Grundanleitung (Seiten 4 bis 5 und 8 bis 10) den Nistkasten zusägen und zusammenbauen. Eine Bohrung für die Sitzstange mit 6 mm Ø ausführen.

2 Das Dach pinkfarben, die Seitenwände je zur Hälfte in einem der Grüntöne grundieren. Die grafischen Muster nach den Vorlagen 19 und 20 mithilfe der Schablonentechnik (Anleitung Seite 5) aufmalen.

3 Nach dem Trocknen der Farben ein Stück Dachpappe, 14 x 24 cm, mit Dachpappenstiften über dem First anbringen. Die überstehenden Ränder herunterbiegen und fixieren.

4 Mit einer alten Schere mittig in das Blech ein Loch im Durchmesser des Einfluglochs schneiden. Die Ränder mit Schleifpapier glätten und das Blech mit Stiftnägeln befestigen.

5 Das Rundholzstück als Sitzstange in die Bohrung stecken. Die Befestigung für den Nistkasten anbringen. Die Futterkugel im Turm einhängen.

## Terrassenfenster sichern

- Große Terrassenfenstern oder Glasfassaden werden von Vögeln oft nicht erkannt, da sie Blumen und Büsche spiegeln. Die Vögel fliegen dann davor und verletzen sich schwer.
- Ungünstig ist auch getöntes Glas, denn es reflektiert die Umgebung besonders stark.
- Aufkleber in Form von Greifvogelsilhouetten, Blumenampeln oder Perlenschnüre, die von außen an der Scheibe angebracht sind, sorgen dafür, dass die Vögel das Hindernis besser erkennen.

# Futterhäuschen

## Material

- Brett, 18 mm, 14 x 20 cm
- Holzleiste, 1,8 x 1,8 cm, 28 cm
- wasserfest verleimtes Sperrholz, 6 mm, 12 x 26,5 cm (für die Dachplatten)
- Nägel, 1,4 x 25 mm, 2 x 40 mm
- Ringschraube, 2 x 12 mm
- dünnes Holzstäbchen
- Acrylfarbe in Rot
- Bindedraht, 1,2 mm Ø
- Futterkugel
- Apfel

## Einfaches Häuschen

Nach der Grundanleitung (Seite 4/5) und der Skizze (Seite 54) das Holz zusägen. Die Holzleiste in der Mitte durchsägen und auf halber Länge einmal durchbohren (4 mm Ø). Die zwei Leistenstücke auf dem Boden befestigen. Dazu zunächst am Boden auf halber Seitenlänge je einen Nagel einschlagen, bis die Spitzen auf der Unterseite erscheinen, dann nacheinander die Leistenstücke darunterstellen und den Nagel ganz einschlagen; die Bohrungen der Leisten zeigen dabei zueinander. Das dreieckige Holzstück mit Nägeln auf den Leistenstücken befestigen und mit roter Acrylfarbe bemalen. Die Ringschraube an der Spitze eindrehen. Ein Stück Draht als Aufhängung anbringen.

## Häuschen mit Dachplatten

Aus dem Sperrholz zwei Dachplatten zusägen: ein Stück mit 13 cm und ein Stück mit 13,5 cm Länge (Abb. 1). Das Häuschen zusammenbauen (siehe Anleitung oben). Die kürzere Dachplatte mittig auf die Kante des Dreiecks legen, genau bis zur Spitze schieben und mit kleinen Nägeln fixieren (Abb. 2). Die andere Dachplatte bis an die Oberkante der ersten legen und ebenfalls befestigen. Das Dach rot bemalen. Anschließend eine Ringschraube eindrehen und ein langes Drahtstück als Aufhängung fixieren.

## Tipp

Ein dünnes Holzstäbchen durch ein Leistenloch führen, einen Apfel oder eine Futterkugel aufstecken und das Stäbchen in das Loch auf der anderen Seite schieben.

Abb. 1

Abb. 2

# Tontopf mit Herz

## Material

- Tontopf, 15,5 cm Ø
- wasserfest verleimtes Sperrholz, 12 mm, 11 x 11 cm
- Ringschraube, 2 x 12 mm
- Bindedraht, 1,2 mm Ø, 70 cm
- Ast, etwa 2 cm Ø, 8 cm
- Naturbast
- Lärchenzapfen
- Acrylfarben in Weiß, Rot
- Heißkleber
- Futterkugel

Vorlage 9, Seite 57

1 Den Tontopf rundherum mit Lärchenzapfen dekorieren. Ein 65 cm langes Drahtstück zuschneiden und an einem Ende eine etwa 20 cm Schlaufe biegen, darunter das kleine Aststück quer auflegen und das Drahtende zweimal stramm rundherum wickeln. In das Drahtende einen Haken biegen.

2 Die Schlaufe etwas zusammendrücken und von innen durch das Bodenloch des Topfes schieben, das Aststück legt sich dabei waagerecht vor das Loch. Auf diese Weise kann der Topf aufgehängt werden. Einen Bastfaden um die Drahtschlaufe legen und zur Schleife binden, zwei Zapfen als Deko anbringen.

3 Das Herz laut Vorlage 9 aus dem Sperrholz sägen und ein Streifenmuster aufmalen, dabei die Streifen jeweils mit Kreppklebeband abkleben (siehe Seite 5).

4 Die Ringschraube oben in das Herz eindrehen, ein etwa 5 cm langes Drahtstück an der Ringschraube befestigen und in das andere Ende einen Haken biegen.

5 Eine Futterkugel an dem Haken im Topf einhängen, das Herz an der Futterkugel fixieren.

Tannenmeise

# Streufuttersilo

## Material

- wasserfest verleimtes Sperrholz, 9 mm, 5 x 14 cm
- Brett, 19 mm, 15 x 162 cm
- Holzleiste, 2 x 2 cm, 16 cm
- 2 Schrauben, 3,5 x 25 mm
- 24 Nägel, verzinkt, 2 x 40 mm
- Bindedraht, 1,2 mm Ø, 80 cm
- Glasflasche mit schräg laufendem Flaschenhals, 7 cm Ø, etwa 20–24 cm hoch
- Acrylfarben in Weiß, Gelb, Hellblau, Rot, Grün
- Streufutter

Vorlagen 16, 21–23, Seiten 59, 60

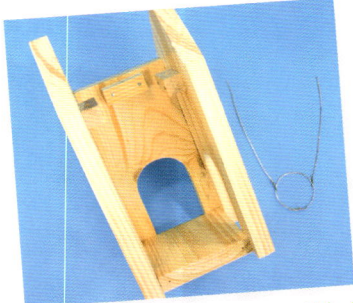

Abb. 1

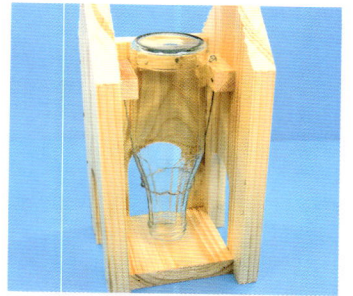

Abb. 2

1 Alle Teile nach der Grundanleitung (Seite 4/5) sowie laut Sägeplan und Skizze (siehe Seite 55) zusägen. Die Torbogen nach Vorlage 21 aus den Seitenteilen sägen, die Dreiecke (Vorlage 22) aus dem Sperrholz. Die Holzleiste in 4-cm-Stücke sägen.

2 Die vier Leistenstücke im oberen Bereich mittig auf Vorder-, Rück- und Seitenwänden anbringen und das Silo laut Skizze zusammenbauen (Abb. 1). Zwei gegenüberliegende Leistenstücke von oben mittig durchbohren (2 mm Ø).

3 Aus dem Draht einen Ring um den Flaschenhals biegen. Zwei 25-cm-Drahtstücke mit je einem Ende an dem Drahtring befestigen, die anderen Enden durch die Bohrungen der Leistenstücke fädeln und umbiegen. Die Flasche einhängen und so ausrichten, dass sie mit der Öffnung etwa 1 bis 1,5 cm über dem Boden hängt (Abb. 2). Zum Weiterbau die Flasche herausnehmen.

4 Die Dachteile mit Nägeln zusammensetzen und die Dreiecke mit einem Abstand von 15,8 cm (Maß ändert sich bei anderer Materialstärke) zueinander im Dachwinkel anbringen.

5 Die Einzelteile des Futtersilos der Abbildung entsprechend farbig gestalten (das Dach rot und die Seitenteile gelb grundieren). Die Bäume nach Vorlage 23 mithilfe der Schablonentechnik aufmalen (siehe Seite 5), die Fenster nach Vorlage 16 aufzeichnen.

6 Die Flasche mit Futter füllen, in das Haus hängen und das Dach mit den Schrauben befestigen; hierfür mit dem 4-mm-Bohrer vorbohren.

# Katze mit Dach

## Material

- wasserfest verleimtes Sperrholz, 15 mm, 21 x 30 cm
- Alublech, 0,2 mm, 20 x 42 cm
- Ringschraube, 2 x 12 mm
- 4 Heftzwecken
- Acrylfarben in Weiß, Rosa, Orange, Schwarz
- Paketschnur
- Holzleim
- Futterkugel

Vorlagen 24, 25, Seite 61

1 Die Vorlagen 24 (Katzenkopf) und 25 (Katzenkörper) auf das Sperrholz übertragen, aussägen und bemalen. Nach dem Trocknen der Farben den Kopf auf den Körper leimen. Die Ringschraube hinter dem Kopf in den Körper eindrehen.

2 Das Blech in zwei Streifen, je 10 x 42 cm, schneiden und jeden Streifen 2 cm breit zur Ziehharmonika falten. Ein Blech zum Halbkreis auffächern; Anfang und Ende dicht beieinander mit den Heftzwecken über dem Kopf am Körper befestigen (siehe Arbeitsfoto).

3 Das zweite Blech in gleicher Weise auf der Rückseite anbringen. Die Futterkugel mit einem Stück Schnur an die Ringschraube hängen.

## Der Vogel-Speiseplan

- Finken, Sperlinge: Sonnenblumenkerne, Hanf, handelsübliche Freilandmischung.
- Rotkehlchen, Heckenbraunelle, Zaunkönig, Meisen und Amseln: feinere Sämereien, Mohn, Kleie, Haferflocken, Rosinen, Obst, Fettfutter (Knödel, Ringe – hier ist das Futter durch das Fett auch vor Feuchtigkeit geschützt).
- Nicht alle Vögel stellen sich im Winter auf vegetarische Kost um, für diese Arten bietet eine Schicht Herbstlaub unter dichten oder immergrünen Sträuchern (hier bleibt der Boden lange schneefrei) ein gutes Angebot an Kleinlebewesen.
- Absolut ungeeignet sind gesalzene Nahrungsmittel, z. B. Wurst, Speck, Salzkartoffeln und Brot!

# Futterblüte

## Material

- wasserfest verleimtes Sperrholz, 30 x 30 cm
- 2 Ringschrauben, 2 x 12 mm
- Acrylfarben in Türkis, Hellgrün, Mittelblau
- Lackstift in Weiß
- Satinband in Türkis, 4 mm, ca. 60 cm
- Naturbast
- Apfel (oder Futterkugel)

Vorlage 26, Seite 62

1 Die Blüte (Vorlage 26, schwarze Linien) auf das Sperrholz übertragen und aussägen (Grundanleitung Seite 4/5).

2 Die Blüte türkisfarben bemalen und trocknen lassen; anschließend grüne und blaue Kreise mit 1,5 cm Ø und 2,5 cm Ø aufmalen und wieder trocknen lassen. Mit dem Lackstift Schneekristalle auf die Kreise zeichnen.

3 Eine Ringschraube in dem Innenausschnitt der Blüte eindrehen, die zweite Ringschraube für das Band an der Außenkante darüber anbringen.

4 Satinband und Bast an der Ringschraube anknoten und am anderen Ende eine Schlaufe binden. Einen Apfel oder eine Futterkugel in den Blütenausschnitt hängen.

Haussperling

# Schneemann

## Material

- wasserfest verleimtes Sperrholz, 15 mm, 16 x 27 cm
- 2 Ringschrauben, 2 x 12 mm
- Acrylfarben in Weiß, Orange, Grün, Hellblau, Schwarz
- Paketschnur
- Futterkugel

Vorlage 27, Seite 63

1 Nach Vorlage 27 den Schneemann auf das Sperrholz übertragen und aussägen. Die Kanten mit Schleifpapier glätten. Den Schneemann laut Vorlage und Foto bemalen.

2 Eine Ringschraube oben am Kopf eindrehen, die zweite am Bauch. Die Futterkugel an der Ringschraube einhängen und den Schneemann mit Paketschnur aufhängen.

## Die Winterfütterung

- Füttern Sie nur bei Frost oder geschlossener Schneedecke.
- Die Vögel sollten nicht im Futter herumlaufen können, um es nicht mit Kot zu verschmutzen.
- Loses Körnerfutter darf nicht nass werden, da es sonst verdirbt.
- Die Futterstelle an einer für die Vögel überschaubaren, freien Stelle aufstellen – anschleichende Katzen werden so früh bemerkt.
- Die Futterbrettchen regelmäßig reinigen.
- Stellen oder hängen Sie an mehreren Plätzen Futter auf, da an einer einzigen Futterstelle die etwas zarteren Vögel, z. B. Zaunkönig, Rotkehlchen und Kleinmeisen, den kräftigeren Vögeln weichen müssen.
- Für Vögel, die ihr Futter eher am Boden suchen und auch nicht gerne an ein Futtersilo fliegen, kann eine Futterstelle auf einem Gartentisch oder einem Holzbrett angeboten werden.

# Vogelbar

## Material

- Brett, 22 mm, 12 x 50 cm
- wasserfest verleimtes Sperrholz, 8 mm:
  - 7 x 20 cm
  - 7 x 30 cm
- Astscheiben, ca. 2,5 cm Ø
- Zapfen von Lärche und Kiefer
- Sisalschnur in Natur, 4 mm Ø, 280 cm
- 2 Blumentopfuntersetzer aus Kunststoff, 13 cm Ø
- 5 Schraubhaken, 2 x 20 mm
- 2 Schrauben, 3,5 x 16 mm
- 2 Nägel, verzinkt, 2 x 40 mm
- Acrylfarben in Türkis, Hellgrün
- Lackstift in Schwarz
- Holzleim
- Futterkugeln, Streufutter und Äpfel

1 Das Brett und das kleine Sperrholzstück jeweils an allen vier Ecken durchbohren (5 mm Ø). Die Sisalschnur in zwei Stücke teilen und als Aufhängung der Abbildung entsprechend befestigen.

2 Das zweite Sperrholzstück als Schild verwenden und türkisfarben lasieren, nach dem Trocknen mit Lackstift beschriften und anschließend kleine grüne Zweige aufmalen. Die Topfuntersetzer auf der Außenseite türkisfarben bemalen und hellgrüne Tupfen ergänzen.

3 Das Schild mit Nägeln an der Stirnseite befestigen. Die Topfuntersetzer mit den Schrauben auf dem Brett fixieren. Auf den Unterseiten der Bretter die Schraubhaken eindrehen.

4 Einige Astscheiben und Zapfen ankleben. Die Futterkugeln an die Haken hängen und Streufutter in die Topfuntersetzer füllen.

## Tipp

Die Äpfel am besten in leere Futterkugelnetze legen und aufhängen.

Kleiber

# Insektenhotel

## Material

- Brett, 19 mm, 15 x 70 cm
- Brett, 19 mm, 28 x 60 cm
- 24 Nägel, verzinkt, 2 x 40 mm
- 2 Ringschrauben, 2 x 12 mm
- Bindedraht, 1,2 mm Ø, 60 cm
- Gartenschlauch, 15 cm
- Acrylfarben in Pink, Lila
- Holzlasur in Grün

## Füllung

- Schilfrohr
- Bambus
- angebohrte Äste

Vorlage 26, Seite 62

1 Das 15 cm breite Brett in zwei 14,5-cm-Stücke und zwei 19-cm-Stücke sägen. Die Abschnitte laut Vorlage 26 (graue Strichlinien) zu einem Rahmen zusammensetzen. Auf das 28 cm breite Brett zweimal die Blüte (Vorlage 26, schwarze Linien) übertragen und aussägen. Die Blüten auf beiden Seiten vor der Rahmenöffnung mit Nägeln befestigen.

2 Die Ringschrauben auf der Oberseite des Rahmens mittig eindrehen. Das Gartenschlauchstück auf den Draht ziehen, diesen zum Bügel formen und die Enden an den Ringschrauben befestigen. Die Blüten und den Rahmen bemalen. Das Füllmaterial auf 14 cm Länge schneiden und so einstapeln, dass es eng aneinanderliegt.

## Nisthilfen für Insekten

- Solitäre Bienen und Wespen (Hautflügler) bauen keine Wabennester, sondern legen ihre Brut an totem Holz oder in der Erde ab, geben etwas Vorrat dazu und verschließen das Brutnest dann.
- Die oberirdisch nistenden Arten benötigen Röhren, deren Hohlräume einen Durchmesser von 0,3 bis 1 cm und eine Länge von 5 bis 10 cm haben. Diese sollten waagerecht liegen. Besonders geeignet ist Bambus und Schilfrohr, aber auch Lochsteine oder angebohrtes Hartholz werden angenommen.
- Nur zwei der acht bei uns vorkommenden Wespenarten werden uns gelegentlich lästig, weil sie es gern süß mögen.
- Florfliegen, Ohrwürmern und Marienkäfern kann man mit einer Behausung, die mit Holzwolle ausgefüllt wird, helfen.
- Die Nisthilfen an einem sonnigen Platz aufhängen.

# Wildbienenkasten

## Material

- Brett, 19 mm, 15 x 70 cm
- Baumrinde
- verschiedene Zapfen (Lärche, Kiefer, Tanne)
- 12 Nägel, verzinkt, 2 x 40 mm
- 2 Ringschrauben, 2 x 12 mm
- Bindedraht, 1,2 mm Ø, ca. 60 cm
- Gartenschlauch, 15 cm

## Füllung

- Schilfrohr
- Bambus
- angebohrte Äste

Vorlage 26, Seite 62

**1** Das Brett in zwei 14,5-cm-Stücke und zwei 19-cm-Stücke sägen. Die Abschnitte zu einem Rahmen zusammenbauen (Vorlage 26, graue Strichlinien).

**2** Die Ringschrauben an zwei aneinandergrenzenden Seiten jeweils mittig eindrehen. Das Gartenschlauchstück auf den Draht ziehen, diesen zum Bügel formen und die Enden an den Ringschrauben befestigen.

**3** Einige Tannenzapfen in der Mitte durchsägen ( gelingt gut mit der Dekupiersäge) und auf die Stirnseiten des Rahmens kleben. Die Seiten mit Rindenstücken und Zapfen dekorieren.

**4** Das Füllmaterial auf 14 cm Länge schneiden und so einstapeln, dass es eng aneinanderliegt.

## Tipp

Auch in den Zapfen und unter der Rinde können sich Kleintiere einnisten.

Wildbienen

# Skizzen

## Futterhäuschen
Anleitung und Abbildung Seite 36/37

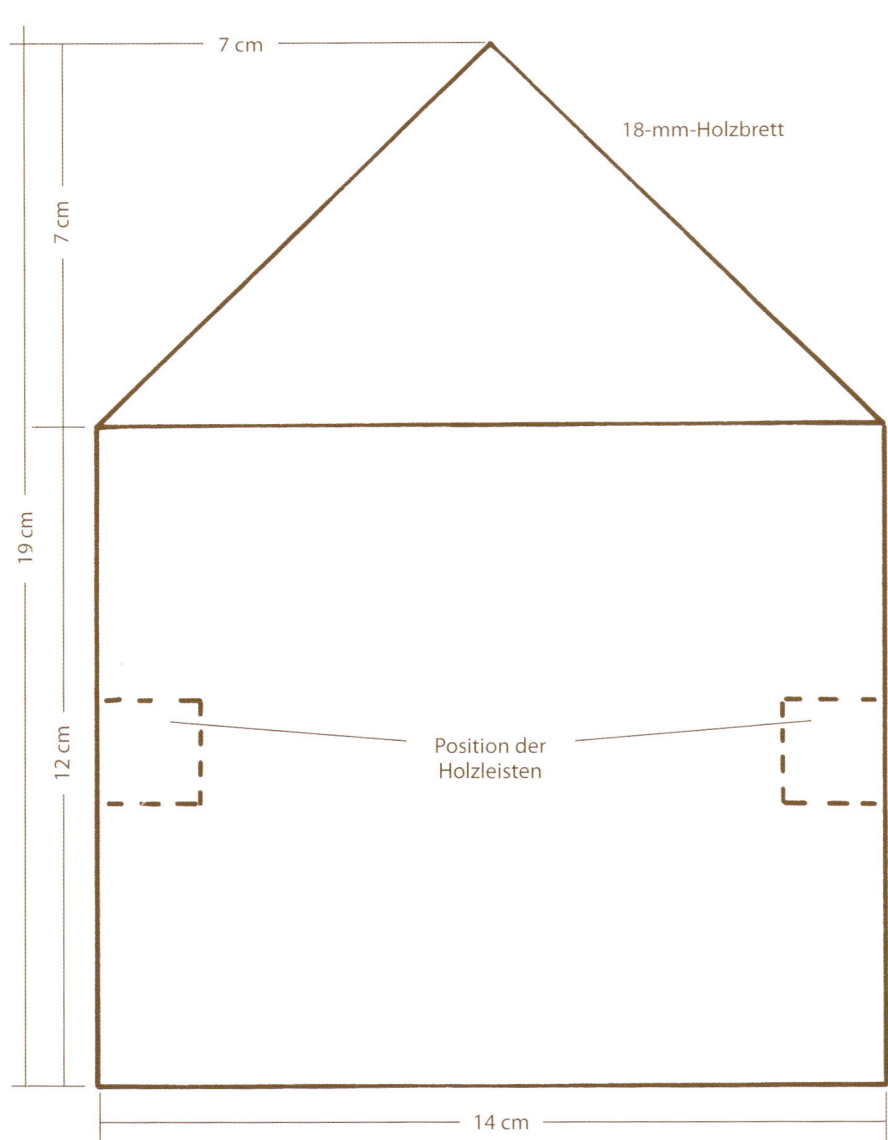

7 cm

18-mm-Holzbrett

7 cm

19 cm

12 cm

Position der
Holzleisten

14 cm

# Streufutter-Silo

Anleitung und Abbildung Seite 40/41

## Hinweise

- Bei veränderter Materialstärke verändern sich die Maße des Bodens und eventuell die Leistenbreite.
- Falls der Flaschendurchmesser von dem angegebenen Maß (7 cm Ø) abweicht, muss die Breite der Leistenstücke entsprechend angepasst werden.

## 3D-Skizze

G
H
F
A
C
B
D
E

## Sägeplan

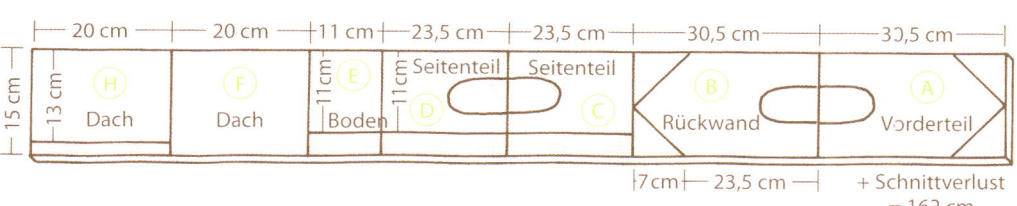

| | 20 cm | 20 cm | 11 cm | 23,5 cm | 23,5 cm | 30,5 cm | 30,5 cm |
|---|---|---|---|---|---|---|---|
| 15 cm · 13 cm | H Dach | F Dach | 11 cm E Boden | 11 cm D · Seitenteil | Seitenteil C | B Rückwand | A Vorderteil |

7 cm — 23,5 cm

+ Schnittverlust = 162 cm

Vorlagen

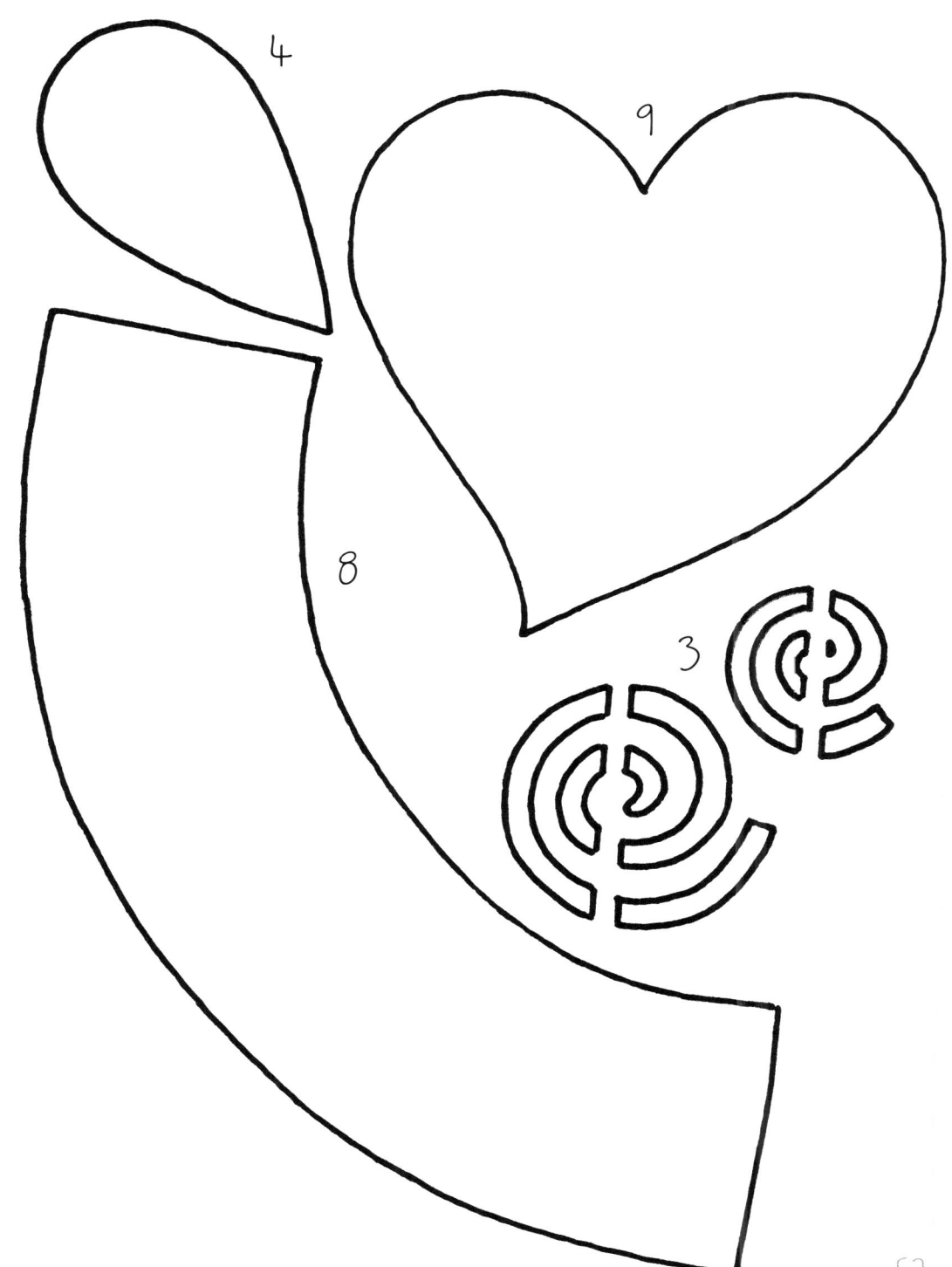

4

9

8

3

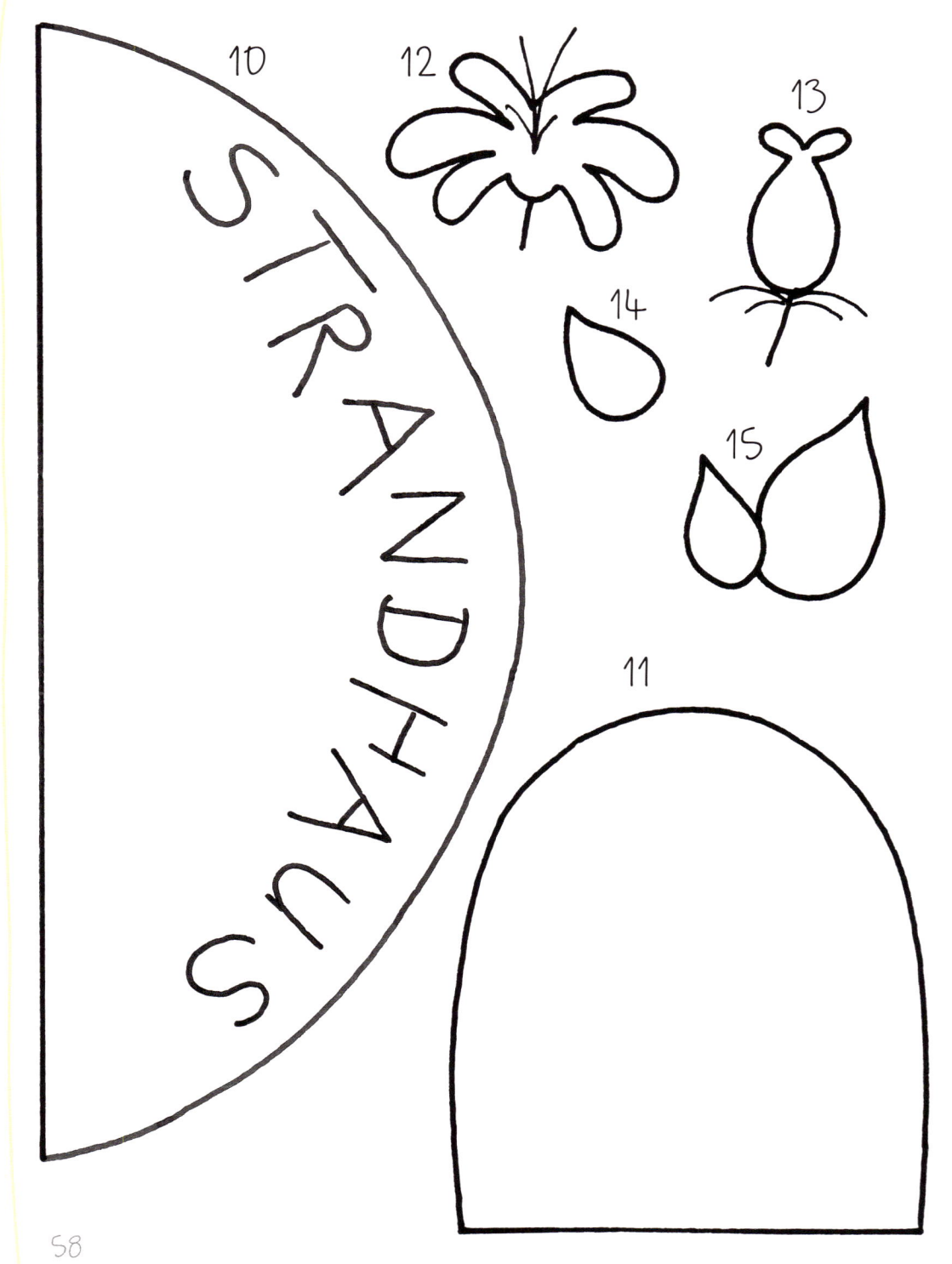

STRANDHAUS

10

12

13

14

15

11

16

18

17

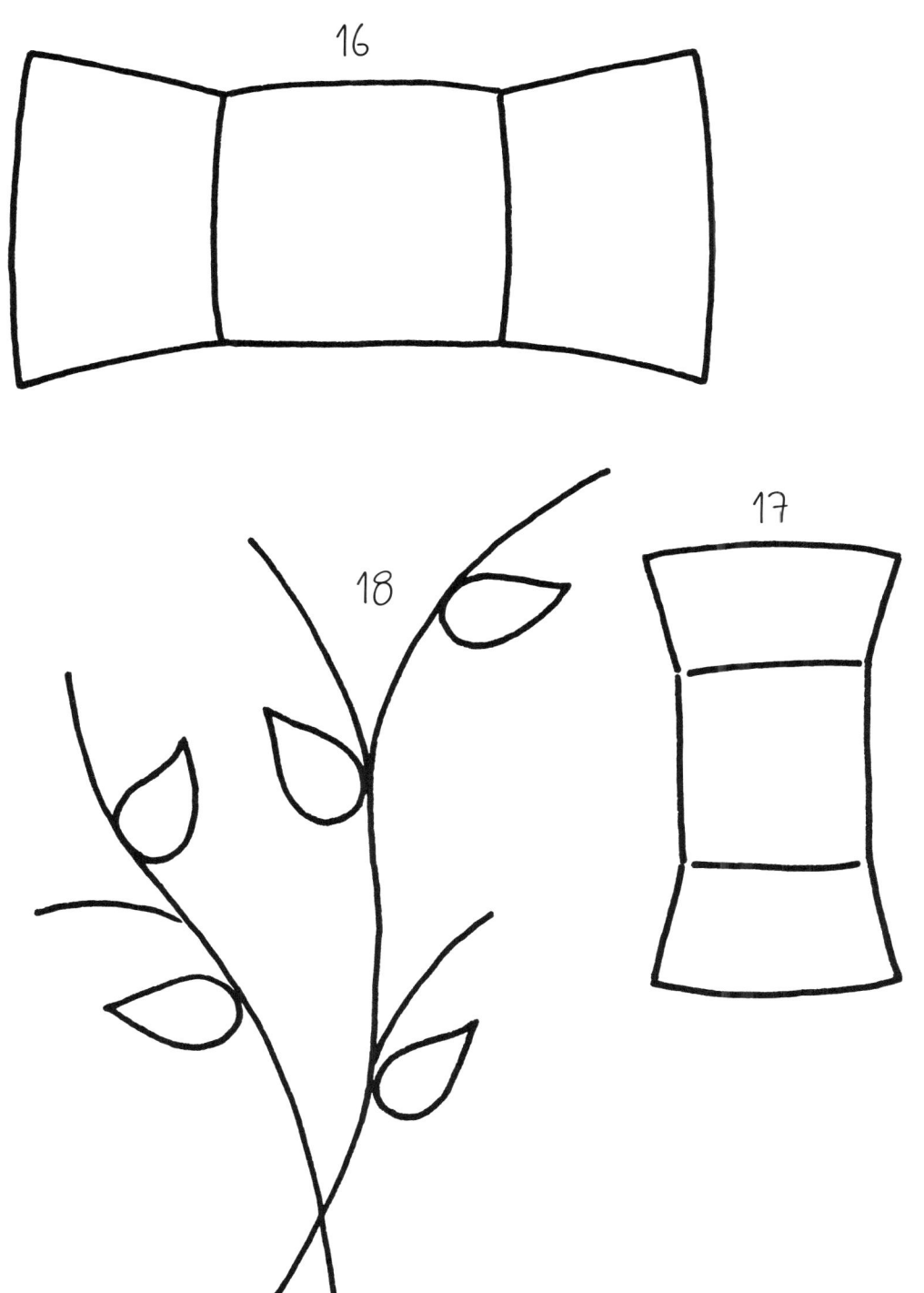

20

19

22

2x

23

21

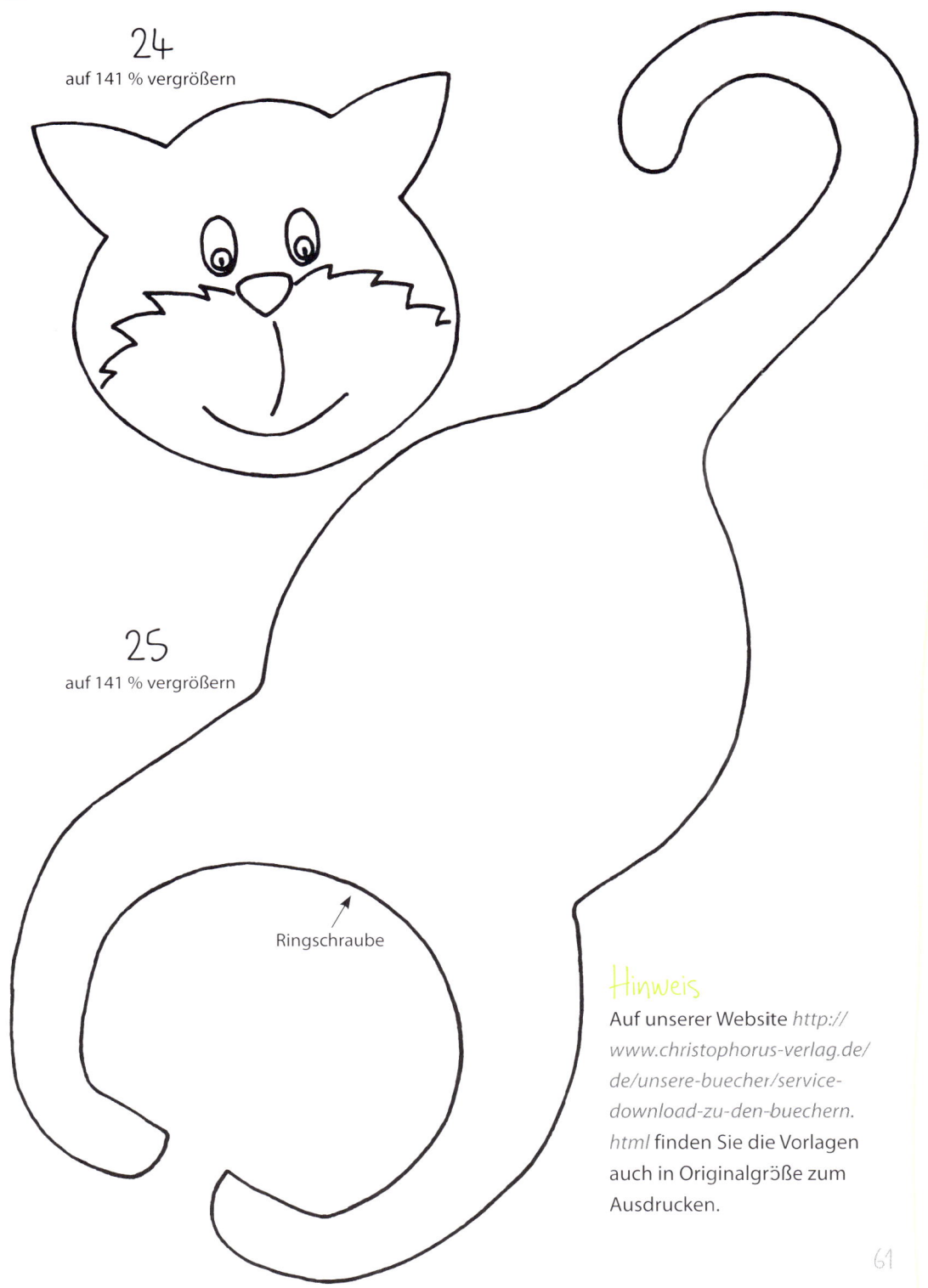

24
auf 141 % vergrößern

25
auf 141 % vergrößern

Ringschraube

Hinweis
Auf unserer Website *http://
www.christophorus-verlag.de/
de/unsere-buecher/service-
download-zu-den-buechern.
html* finden Sie die Vorlagen
auch in Originalgröße zum
Ausdrucken.

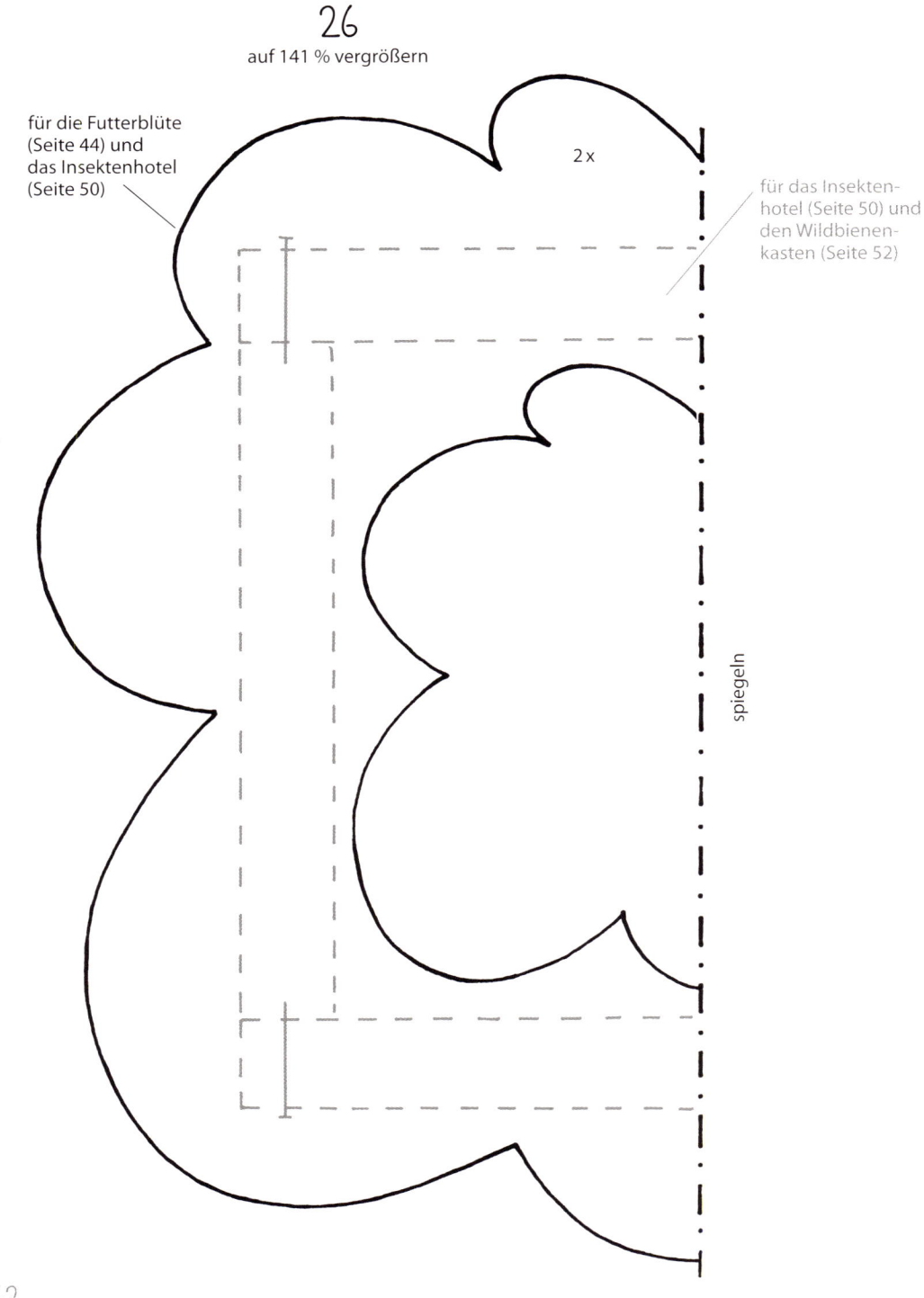

## 26
auf 141 % vergrößern

für die Futterblüte
(Seite 44) und
das Insektenhotel
(Seite 50)

2 x

für das Insekten-
hotel (Seite 50) und
den Wildbienen-
kasten (Seite 52)

spiegeln

**27**
auf 141 % vergrößern

Ringschraube

Auf unserer Website *http://www.christophorus-verlag.de/de/unsere-buecher/service-download-zu-den-buechern.html* finden Sie die Vorlagen auch in Originalgröße zum Ausdrucken.

63

## Impressum

Redaktion: Gisa Windhüfel, Freiburg

Fotos und Styling: Roland Krieg, Waldkirch

Fotolia.com:

Bachstelze, Seite 28: © olbor

Blaumeise, Seite 12: © fotomaster

Feldsperling, Seite 30: © Johannes D. Mayer

Gartenrotschwanz, Seite 26: © Julius Kramer

Grauschnäpper, Seite 20: © sid221

Hausrotschwanz, Seite 16: © DirkR

Kleiber, Seite 48: © hfox

Haussperling, Seite 44: © K.-U-Häßler

Kohlmeise, Seite 3: © hfox

Star, Seite 14: © fotomaster

Tannenmeise, Seite 38: © net_stalker

Wildbiene, Seite 52: © emer

Gesamtgestaltung und Satz: GrafikwerkFreiburg

Reproduktion: Meyle + Müller GmbH & Co. KG, Pforzheim

Druck und Verarbeitung: Ömür Printing, Istanbul

ISBN 978-3-8388-3530-3

Art.-Nr. CV3530

© 2014 Christophorus Verlag GmbH & Co. KG, Freiburg

Alle Rechte vorbehalten

 Kreativ-Service

Sie haben Fragen zu den Büchern und Materialien? Frau Erika Noll ist für Sie da und berät Sie rund um alle Kreativthemen. Rufen Sie an! Wir interessieren uns auch für Ihre eigenen Ideen und Anregungen. Sie erreichen Frau Noll per E-Mail: **mail@kreativ-service.info** oder Tel.: **+49 (0) 5052/91 18 58** Montag–Donnerstag: 9–17 Uhr / Freitag: 9–13 Uhr

Besuchen Sie uns im Internet: **www.christophorus-verlag.de**